# 佛山市建设森林城市摄影集

佛山市林业局　组织编写

中国林业出版社

**图书在版编目（CIP）数据**

佛山市建设森林城市摄影集 / 佛山市林业局组织编写 . –– 北京 : 中国林业出版社 , 2018.12
（佛山市建设国家森林城市系列丛书）
ISBN 978-7-5038-9912-6

Ⅰ . ①佛… Ⅱ . ①佛… Ⅲ . ①城市林 – 建设 – 佛山 – 图集 Ⅳ . ① S731.2-64

中国版本图书馆 CIP 数据核字 (2018) 第 285708 号

**佛山市建设森林城市摄影集**　　　　　　　　　　　　　　　　　　佛山市林业局　组织编写

出版发行：中国林业出版社
地　　　址：北京西城区德胜门内大街刘海胡同 7 号

策划编辑：王　斌
责任编辑：刘开运　张　健　吴文静　　　　　　　　　　　装帧设计：百彤文化传播公司

印　　刷：固安县京平诚乾印刷有限公司
开　　本：889 mm × 1194 mm　1/16
印　　张：19
字　　数：450 千字
版　　次：2018 年 12 月第 1 版　第 1 次印刷
定　　价：280.00 元

# "佛山市建设国家森林城市系列丛书"编委会

主　　任：唐棣邦
副 主 任：黄健明　李建能
委　　员（按姓氏笔画排序）：

玄祖迎　严　萍　吴华俊　何持卓　陆皓明　陈仲芳
胡羡聪　柯　欢　黄　丽　潘志坚　潘俊杰

## 《佛山市建设森林城市摄影集》编者名单

主　　编：胡羡聪
副 主 编：柯　欢　何持卓
编　　者（按姓氏笔画排序）：

| | | | | | | |
|---|---|---|---|---|---|---|
| 马少灵 | 王　宁 | 仇政鸿 | 石维斌 | 古瑞芳 | 龙上淳 | 卢　琼 |
| 玄祖迎 | 吕浩荣 | 许应超 | 严　萍 | 李长洪 | 李坚林 | 吴华俊 |
| 吴连兴 | 吴锦良 | 岑　波 | 邱庆能 | 何持卓 | 张　茚 | 陆皓明 |
| 陈九枚 | 陈仲芳 | 陈李利 | 陈志平 | 胡羡聪 | 柯　欢 | 袁金蓓 |
| 郭　健 | 黄永源 | 黄欢宏 | 黄丽英 | 黄景波 | 梁悦庭 | 韩永樟 |
| 谢思远 | 鲁　倩 | 温爱霞 | 谭伯东 | 潘志坚 | 潘俊杰 | |

组织出版：佛山市林业局

# 前　言

　　作为国内先进制造业大市，佛山从未停止绿色发展的脚步。从全国绿化模范城市到全国森林城市，再到如今建设粤港澳大湾区高品质森林城市，佛山正在用实际行动诠释"绿水青山就是金山银山"的理念，用工匠精神施展佛山绿化"功夫"，为建设美丽中国贡献出佛山力量。自创建国家森林城市以来，佛山立足本地实际，大力开展"森林扩增""湿地汇锦""乡村叠翠""绿城飞花""森动传城"五大主题行动，将生态建设与景观塑造结合拓展延伸绿化空间，力促城市森林扩面与提质增效并举，实施高标准打造带状森林、着力推进森林进城围城、加强湿地生态修复、精心打造"绿城飞花"森林花海景观、持续推进森林下乡与公园进村、筑牢绿色生态屏障等一系列举措，实现从"浅绿"到"深绿"质的飞跃，初步形成"组团城市、绿脉相通、绿廊环绕、公园棋布"的绿地系统格局。"佛山绿·醉岭南"，森林城市建设带来的生态成效有目共睹，"满眼皆绿，处处繁花，出门即景"的诗情画意已成为佛山市民享受绿色生活的常态。

　　在此背景下，佛山市林业局、各区创建国家森林城市工作领导小组办公室举办了"美丽佛山""醉美佛山·森林城市""匠心绿韵·森动禅城""匠心铸造·森城南海""森动佛山·生态顺德""森林城市·大美三水"等一系列宣传森林城市建设成效的摄影比赛，鼓励广大市民群众和摄影爱好者拿起手中的相机，用镜头捕捉城市绿化面貌的华丽蝶变，用光影记录与见证令人瞩目的森林城市建设成效。

　　为将佛山美丽的自然景色、良好的生态环境、浓郁的岭南水乡风情、卓越的森林城市建设成就呈现给广大的读者，全景式地描绘佛山森林城市建设的绚丽画卷，给予读者以视觉冲击和心灵享受，佛山市林业局决定将森林城市系列摄影比赛的优秀摄影作品结集出版。相信广大读者在欣赏这部专著时，必定会因佛山生态建设的美景而心弛神往，使得佛山的绿化和生态建设事业获得更多读者的热心支持与拥护。"金佛山，银佛山，生态文明美佛山"，在 2017 年获得国家森林城市授牌后，佛山也将以更高的标准，更高的起点，大力践行绿色发展理念，建设大湾区高品质森林城市，探索佛山特色的工业城市生态文明之路。

编委会

2018 年 10 月 21 日

# 目　录

# "美丽佛山"征集照片活动获奖作品

亚艺风光——范同清

## ·缤纷禅城（组照）·

魁奇河涌——容世椿

亚洲艺术公园景色——容世椿

一路一景——容世椿（摄于禅城季华路）

中山公园东门广场——容世椿

生态佛山之绿化工人——李长洪（摄于亚洲艺术公园、文华公园）

皂幕凌云——林经良

水乡景色——曾巨森（摄于南海九江镇）

新村古韵——李永浩（摄于里水洲村公园）

美景就在家门口——谭俊晖（摄于亚洲艺术公园）

绿色村居——全智敏（摄于南海区西樵镇松塘村）

逢简水乡组照——杨瑞秋

园林式厂区——罗兆江

碧玉映蓝天——区祖辉

欲滴青翠藏金鳌——区祖辉

幸福花开——聂婷琪（摄于亚洲艺术公园）

别样初地——罗健聪（摄于祖庙）

城市之心——罗永刚（摄于雄狮广场）

绿意环绕缤纷乐——林子菲（摄于佛山水上乐园）

绿与老城相伴——罗永刚（摄于禅城区）

品东平绿道——罗永刚（摄于东平新城）

樵山参禅——罗健聪（摄于西樵山）

亲近大自然——罗永刚（摄于三水森林公园）

双公园绿化景观——黄绍斐（摄于文华公园）

宜居小区——聂婷琪

城市风景线——王文华（摄于禅城区）

空间绿岛——梁学文（摄于佛山传媒集团）

桂城醉美——叶权章（摄于千灯湖）

亚艺丽影——梁学文

蓝天碧水颐景家园——叶明华

天台绿景——梁学文（摄于佛山市图书馆）

鸟瞰文华公园——王文华

绿色家园——叶明华

狮山花园式城镇——叶权章

碧水工程在汾河——梁学文

高明帆船酒店——叶权章

群英秀色——陈雪婷（摄于中山公园）

千灯湖畔——关勇文

鸟瞰灯湖——关勇文

佛山新城——陈狄青

广场休闲——陈狄青（摄于顺德区乐从镇）

桂江立交桥——陈狄青（摄于南海区桂城街道）

荷城景色——陈狄青（摄于高明区荷城街道）

满园春色——陈斯杰（摄于三水区）

军桥河涌——陈景旺

通往富裕之路——陈斯杰（摄于三水区）

晨练——梁兆林

城市绿化（组图）——聂婷琪

岭南新天地——仇泳河

千灯湖——仇泳河

春暖南海——杨奥林

春雨红棉映禅城——李立文（摄于禅城区）

古村春意——崔永开（摄于西南街道）

绿岛湖精灵——崔永开（摄于南庄镇）

晨运客——邓雪英（摄于中山公园）

水乡——范同清（摄于西樵镇）

桃园春色——冯燊

碧水蓝天舒白云——赖晓优

凤凰树下龙争虎斗——梁国光（摄于顺德区）

俯瞰石湾公园——聂婷琪

十里荷香——高波（摄于亚洲艺术公园）

花园都市——郭冀华（摄于桂城千灯湖）

荷塘夕阳——黄志明（摄于三水荷花世界）

春夏秋冬之亚艺——贺玉梅

亚艺湖畔——贺玉梅

红棉花开——罗慧文

公园晨曦——霍广良（摄于垂虹公园）

郁郁葱葱——霍广良（摄于中山公园）

百米绘环卫——霍丽珍

皂幕山美景——霍丽珍

绿色通道——霍卫红

绿色氧吧——霍卫红

汾江隧道——赖晓优

绿道逐景——黎培生

碧水绿影（组照）——李艳彩

文华路景色——李艳枝（摄于禅城区）

梦里水乡——李永浩（摄于里水花海）

绿色家园——李长洪（摄于佛山亚洲艺术公园）

公园晨曦——霍广良（摄于垂虹公园）

亚艺新姿——李织云

森林城市——梁敏（摄于三水区云东海街道）

水乡——梁兆林

绿道蜿蜒——梁兆林

美丽禅城——林经良

休闲胜地——刘小侠（摄于三水森林公园）

桂江立交——卢展途（摄于桂城）

海寿绿道驰聘——卢展途（摄于南海九江镇）

花开佛山——卢展途

绿色古禅——宋振荣

文华公园——谭俊晖

美丽家园——罗慧文

动人黄昏——庞荣灿（摄于东平新城）

逢简水乡——郭冀华

绿色城——宋振荣

雨后庭园——卢展途（摄于桂城街道）　　　　碧水欢歌——容世椿

美丽的三水长城——宋振荣

绝美三水——宋振荣

皂幕晨韵——谭颂江（摄于高明区）

天湖之晨——吴绍聪

大自然的呵护者——吴少梅

萍踪略影——冼淑珍

名镇风——吴少梅

湖光楼色——谢志宏（摄于千灯湖）

家园——张丽燕

大自然的呵护者——吴少梅

萍踪略影——冼淑珍

美丽的公园——关向荣

绿道——韦静欢（摄于三水御江南）

河道美容师 1——李永浩

河道美容师 2——李永浩

河道美容师 3——李永浩

河道美容师 4——李永浩

# 醉美佛山，森林城市摄影活动

森林城市—黄绍斐（摄于千灯湖）

高明大地调色板——曾锦峰（摄于石洲村）

高明山乡——曾锦峰（摄于白洞新村）

高明山乡——曾锦峰（摄于坟典村）

林涛云涌——曾锦峰（摄于云勇森林公园）

社会主义新农村——曾锦峰（摄于旺田村）

深步水水库——曾锦峰

西坑明珠——曾锦峰（摄于西坑水库、西坑村）

云勇森林公园1——曾锦峰

云勇森林公园 2——曾锦峰

云勇山乡——曾锦峰

绿了水乡——高波（摄于三水区）

亚艺公园——周春

城市森林 1——招海珊

城市森林 2——招海珊

城市森林 3——招海珊

城市森林 4——招海珊

城市森林 5——招海珊

城市森林 6——招海珊

城市森林 7——招海珊

城市森林 8——招海珊

城市森林 9——招海珊

城市森林 10——招海珊

今日东华里——王青山（摄于岭南天地）

追逐——吕生（摄于广佛高速）

心结——吕生（摄于广佛高速公路大沥立交）

绿色大道——方智恒

美丽的桂江立交——何志杨

绿满江湾立交——卢展途

美丽的罗村立交——梁斌

鸟瞰桂江立交——Gugubest（摄于南海区）

灯湖绿影 1——方智恒

灯湖绿影 2——方智恒

灯湖绿影 3——方智恒

灯湖绿影 4——方智恒

水天一色——高波（摄于禅城亚洲艺术公园）

水天一色2——高波（摄于禅城亚洲艺术公园）

高明海滨公园 1——曾锦峰

高明海滨公园 2——曾锦峰

高明海滨公园 3——曾锦峰

高明海滨公园 4——曾锦峰

高明海滨公园 5——曾锦峰

高明海滨公园 6——曾锦峰

沐浴晨光——黄绍斐

晨练——黄绍斐

创作圣境——黄绍斐

城市绿肺——黄绍斐

醉美亚艺园1——江光华

醉美亚艺园2——江光华

醉美亚艺园 3——江光华

醉美亚艺园 4——江光华

醉美亚艺园 5——江光华

醉美亚艺园 6——江光华

君兰高尔夫美景 1——冷雨飘扬（摄于顺德区北滘镇）

君兰高尔夫美景 2——冷雨飘扬（摄于顺德区北滘镇）

君兰高尔夫美景3——冷雨飘扬（摄于顺德区北滘镇）

君兰高尔夫美景4——冷雨飘扬（摄于顺德区北滘镇）

君兰高尔夫美景 5——冷雨飘扬（摄于顺德区北滘镇）

君兰高尔夫美景 6——冷雨飘扬（摄于顺德区北滘镇）

君兰河岸公园 1——梁斌

君兰河岸公园 2——梁斌

君兰河岸公园 3——梁斌

君兰河岸公园 4——梁斌

九江湿地公园 1——梁兆林

九江湿地公园 2——梁兆林

九江湿地公园 3——梁兆林

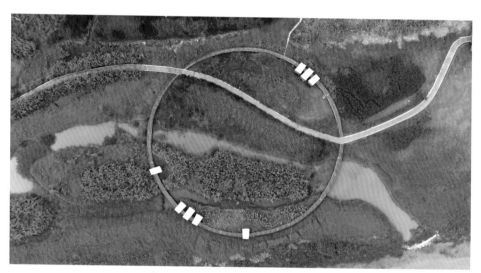

九江湿地公园 4——梁兆林

九江湿地公园 5——梁兆林

绿色水都，西江新城 1——曾锦峰（摄于明湖公园）

绿色水都，西江新城 2——曾锦峰（摄于智湖公园）

绿色水都，西江新城 3——曾锦峰（摄于丽江水廊）

绿色水都，西江新城 4——曾锦峰（摄于丽江水廊）

绿色水都，西江新城5——曾锦峰（摄于明湖公园）

绿色水都，西江新城6——曾锦峰（摄于秀丽河）

美丽的孝德公园 1——梁斌

美丽的孝德公园 2——梁斌

美丽的孝德公园 3——梁斌

美丽的孝德公园 4——梁斌

美丽的孝德公园 5——梁斌

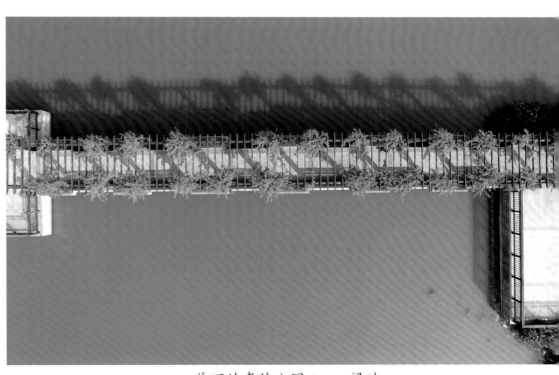

美丽的孝德公园 6——梁斌

南国桃园——容铸华

西樵大观音 1——Gugubest

西樵大观音 2——Gugubest

西樵大观音 3——Gugubest

绿色家园——杨树妹（摄于亚洲艺术公园）

灯湖二期1——杨树妹（摄于桂城街道）

灯湖二期 2——杨树妹（摄于桂城街道）

灯湖二期 3——杨树妹（摄于桂城街道）

天上人间——杨树妹（摄于罗村孝德湖公园）

盈香生态园1（组照）——杨树妹

盈香生态园 2（组照）——杨树妹

盈香生态园 3（组照）——杨树妹

远眺佛山植物园 1——邹少坚

远眺佛山植物园 2——邹少坚

远眺佛山植物园 3——邹少坚

远眺佛山植物园 4——邹少坚

远眺佛山植物园 5——邹少坚

绿岛湖湿地公园——李长洪

绿岛明珠——李长洪（摄于石湾公园）

森林家园——李长洪（摄于亚洲艺术公园）

森林城市 1——粤赣高速（摄于亚洲艺术公园）

森林城市 2——粤赣高速（摄于亚洲艺术公园）

森林城市 3——粤赣高速（摄于亚洲艺术公园）

森林城市 4——粤赣高速（摄于亚洲艺术公园）

金融高新区 1——周春

金融高新区 2——周春

金融高新区 3——周春

金融高新区 4——周春

俯瞰君兰高尔夫公园——邹少坚

种植——杨瑛毅

绿色亚艺湖——崔永开

西樵山下风光美——梁兆林

美丽的天湖公园——冷雨飘扬（摄于西樵山）

樵山黄昏——卢展途（摄于西樵山）

亚洲艺术公园——霍广良

西樵山南门美景——梁斌

生态绿岛——肖坤杰

花海流潮梦水乡——方智恒

红霞醉映吉利河——何应标

俯瞰石湾公园——聂婷琪（摄于禅城区）

新城湖畔——梁斌

西樵水乡——Gugubest

水乡赛龙——袁凤群

春风又绿高明城——曾锦峰

新城黄昏——邹少坚

俯瞰佛山新城——邹少坚

美丽的新城——邹少坚

新城美景——邹少坚

梦里仙境（组图）——孔令峰

城乡披绿装——全智敏

城乡新貌——全智敏

桂城蠕岗山下——全智敏

绿色崛起——全智敏

夕照木棉红——杨树妹（摄于桂城街道）

城乡之绿——袁超

森林家园——粤赣高速（摄于佛山新城）

生态绿廊——粤赣高速（摄于文华路、绿景路交叉口）

城中明珠——梁斌（摄于佛澳湾）

佛山禅城区——肖坤杰

醉美禅城——宋婉君　　　　　　　护花使者——王青山

中欧中心——霍广良（摄于佛山新城）

多彩之路——罗泽成

现代交通——周春

人与自然——周春

# 2016-2017 年度森动禅城摄影大赛

人间瑶池——周苏

亚艺夜色——刘君武

滨水公园——黄绍斐

森动禅城——徐懿君

仙境般的文华公园 1——植亮应

春到禅城——周艳桃

仙境般的文华公园 2——植亮应

人间尽芳菲——杨树妹

春色满圆——高波

花瓣雨——李康桥

冬之生机——谭永机

玫瑰情园——林经良

亚洲艺术公园 1——梁斌

亚洲艺术公园 2——梁斌

亚洲艺术公园 3——梁斌

亚洲艺术公园 4——梁斌

禅城之夜——聂鸿宇

夜色——潘慧冰

蓝天白云——叶秉新

荷塘雾影——杨瑛毅

一河两岸——潘慧冰

蓝天下——何灿升（摄于文沙公园）

黎静昕

通济桥——林经良

同济涌——林经良

潮安地铁口——林经良

狮子广场——林经良

满园春色——容慕琳

禅城之夜——聂鸿宇

祈愿——周艳桃

夜色——潘慧冰

04

# "匠心铸造森城南海"摄影大赛

多彩樵山路—郑国恒

美丽桂城——黎伟忠

璜矶鹭鸟天堂1——崔令文

璜矶鹭鸟天堂2——崔令文

璜矶鹭鸟天堂3——崔令文

璜矶鹭鸟天堂 4——崔令文

璜矶鹭鸟天堂 5——崔令文

乡村红棉——梁兆林

福荫——曾伟仪

美景在前——霍广良

倒影——黄国恩

桑基渔塘 1——梁兆林

桑基渔塘 2——梁兆林

桑基渔塘 3——梁兆林

桑基渔塘 4——梁兆林

古榕下——叶志华

花海——刘锦滔

桂澜路美景——何灿升

花海——黎志宁

花海——王桂雄

花下摄影人——黎锐明

璜矶村古桥——黎锐明

今日广佛路——黎锐明

流潮花海——苏清回

流光溢彩大学城——杨伟健

绿色活力之城——刘锦滔

绿色西樵——姚泽林

美丽碧玉洞——姚泽林

绿意春然——姚泽林

人在画中行——黎志宁（摄于南海区桂城街道）

美丽的乡村——洪国宁

湿地花园——吴剑

水浅秋浓，飞鹭映影——杨伟健

艺术河畔——苏清回

西樵秋韵——姚泽林

大蝴蝶——莫冠迪

鸟瞰映月湖公园——莫冠迪

赏花——莫冠迪

赏花——莫冠迪

赏花——莫冠迪

赏花——莫冠迪

赏花——莫冠迪

赏花——莫冠迪

赏花——莫冠迪

双映美——霍丽珍

祖孙乐——何光尧

彩虹——覃妹满

晨曦——徐彩容

展旗楼——姚观云

穿越——梁斌

翠绿的灯湖——崔展鹏

创森，感谢有你——黄国恩

春来江水绿如蓝——霍广良

翠绿的湿地公园——缪惠红

大地回春——刘世辉

灯湖春意——戴承滔

灯湖魅影——龙泉

灯湖休闲——陈景旺

多彩灯湖——高波

广佛新世界——刘美颜

桂城的春——黎伟忠

凤凰花开千灯湖——霍广良

灯湖休闲——陈景旺

翰林黄花——高波

欢聚孝德湖——宋振荣

红棉盛放——黎伟忠

湖光秀色——容铸华

花丛倒映——高波

花海奇观——黄国恩

开心徒步，感受春天——陈景旺

流动保洁——陈景旺

九曲桥——杨树妹

环山湖花海——潘庆基

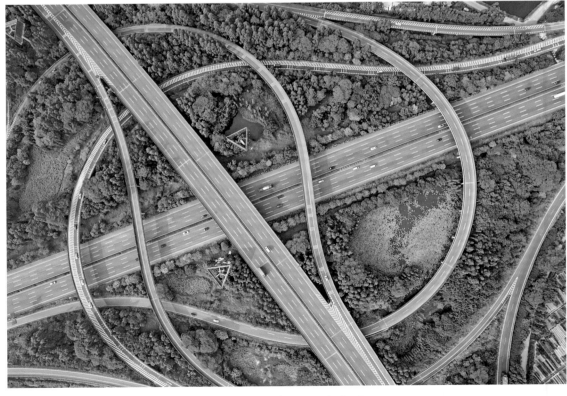

立交之美——潘庆基

绿城飞花——黄健强

绿道——孔令峰

绿色出行——梁兆林

绿道穿梭——容铸华

绿树成荫——徐彩容

绿荫大道——霍广良

绿道行——杨漪蓝

绿色仙湖——崔永开

鹭鸟天堂——谭暖新

汤南村新貌——崔永开

美景入画

美丽仙湖——崔令文

梦里水乡——孔令峰

春到沙头——梁永雄

美丽的九龙公园——梁斌

狮山大学城美丽的滨水长廊——何文莉

天湖秀色——梁纬轩

千灯湖边密林间——罗彩霞

上课路上——容铸华

生态里水——孔令峰

水乡谣——李永浩

夕阳无限好——高波

天然氧吧——黄绍斐

最美灯湖——王维惠

天湖冬韵——崔永开

怡翠河畔——黎伟忠

弯弯山路——刘美颜

艺术长廊——高波

欢乐一家子——罗泽成

跳起来——郭兆文

夏日松塘——崔永开

狮城新姿———梁永雄

向日葵花海——刘世辉

绿色城市—— 李大力

新干线——郭兆文

罗村孝德湖——覃妹满

翰林湖——王维家

阳光灿烂的早晨——罗彩霞

渔耕粤韵湿地公园——崔令

九龙公园夜景——崔永开

湖光山色——郭冀华

# "森动佛山，生态顺德"主题摄影赛

鹭鸟天堂——陈家鸣

水乡远眺——高波（摄于龙江镇）

绿色包围中的天湖森林公园——刘美颜

顺峰晨曦——卢燕玉

花丛下——何惠然

佛山新城绿化景观 1——刘美颜

佛山新城绿化景观 2——刘美颜

佛山新城绿化景观 3——刘美颜

佛山新城绿化景观 4——刘美颜

多彩新城——霍广良

休闲顺峰公园——何惠然

古桥风姿——萧向勤　　　　　　　　　　绿染江义村——萧向勤

赏花去——曾纯健

阳光之道——霍广良

绿城飞龙——江光华

欢乐花海——霍广良

快乐童年——何惠然

龙眼古村——陈家鸣

龙眼古桥——陈家鸣

美丽河涌——陈家鸣

乡村夕照——马永生

梦里水乡——梁健勇

顺峰山下——陈家鸣

小桥流水——梁健勇

小桥流水 1——梁健勇

小桥流水 2——梁健勇

顺峰山下 1——陈家鸣

顺峰山下 2——陈家鸣

顺峰山下 3——陈家鸣

顺峰山下 4——陈家鸣

清晖园 1——蔡坚生

清晖园 2——蔡坚生

清晖园 3——蔡坚生

清晖园 4——蔡坚生

06

# 高明摄影大赛

"荷"心凝聚　　　　　　　　　含苞待放

阿娜多姿荷城之花

荷池之宁静

高明摄影大赛("荷花在荷城"全民摄影大赛——手机组获奖)

大美荷塘

荷池之宁静

碧荷

荷·盛

大美灵龟荷塘

荷藕点点伴塔生

光芒四射的荷花池

荷花

荷花1

荷塘村色

荷香扑鼻　　　　　　　　　　　　　荷之韵

连接城乡的绿带

荷伴沧中

跳舞

秀丽河上景色秀

探

荷伴沧中——余永强（摄于灵龟公园）

龙游荷塘——陈永雄（摄于秀丽河）

荷塘歌唱家

众仙女下凡——潘永泉

守护——李鲜媚（摄于荷城公园）

塔之光荷韵——钟志威

捧月——李杰明

荷塘仙镜——赖志华

开城庆典莲花开——仇荣佳

窗外秀色——区健星

荷花在荷城——梁兆林

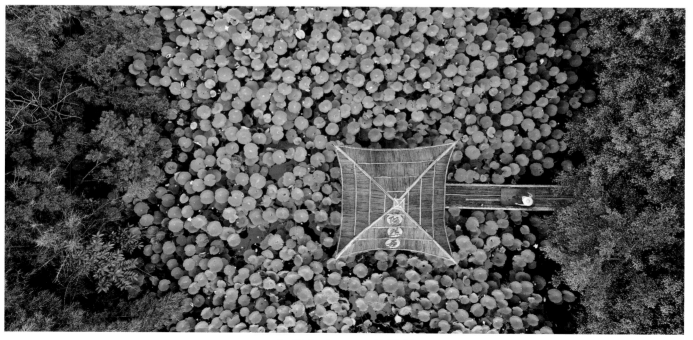

在荷之央——罗岸村

荷仙荷花随风舞——朱友明

荷韵——颜和明（摄于帆船酒店）

荷韵——钟志威

水天一色——谭杰才

江滨清晨——曾振业

缕缕荷香诱村居——梁洪佳

日出醉荷塘——梁洪佳

灵龟日出——钟志威

秀丽河公园——丘延俊

生态小村——区健星

绿荷——梁汉图

争相斗艳——陈建源

含苞欲放——曾黎明

荷香袭人——梁洪佳

碧江扬帆——丘延俊

夏日秀丽河——区健星

体艺之光——丘延俊

翠鹭湾——杜广辉

明湖艺术公园——曾锦峰

大美智湖——梁建华

以下"第一届'皇朝杯'高明原生态摄影大赛"由杨和镇宣传文体办公室供稿。

大沙湖春色

大沙湖夏日

竞技大沙湖

鹭鸟的家园

大沙湖夏日

大沙湖夏日

夕阳下（摄于大沙湖鹭鸟岛）

夕醉沙湖（摄于大沙湖）

采茶（摄于对川茶园）

采茶时节（摄于对川茶园）

春来采茶忙（摄于对川茶场）

芽细叶嫩忙手掐（摄于对川茶园）

禅寺唱晚（摄于杨梅观音禅寺）　　　　　　大雄宝殿

佛光普照——邓耀华

杨梅观音禅寺 2

绿野禅宗　　　　　　　　　　　画中的观影禅寺

杨梅观音禅寺 3

杨梅观音寺 4

激流勇士（摄于金水台漂流）　　　　　　金水台飞瀑（摄于金水台漂流）

飘（摄于金水台漂流）

青春戏水（摄于金水台漂流）

流光溢彩（摄于金水台漂流）

漂流源头轻纱飘

春意盎然（摄于丽堂蔬菜基地）

畎亩万顷（摄于丽堂蔬菜）

丽堂蔬菜喷灌时

生机勃勃（摄于丽堂蔬菜基地）

翠竹吐新绿（摄于杨和十里画廊）

绿道

野生果

一点红（摄于潜龙谷的无花果）

好山好水好高明（摄于潜龙谷）

绿道

绿色家园

珠峰勇士登皂幕山

皂幕山晨曲

山村隐约烟雾中（摄于皂幕山）

风光

# "森林城市·大美三水"摄影比赛

凤凰新城——吴剑

森林城市劳动者——董伟祥

绿洲丽影——黄德荣

森林小镇——卢冠东

焕然一新大旗头——卢展途

俯瞰沙岗公园——黄晓华

森林城市——胡卫东

共享天伦——李奕云

美丽花海——卢冠东（摄于三水）

三江水韵——丛庆林

天伦之乐——霍广良

三水左岸公园——朱伟明

城在林间——刘小侠

又一新地标——莫冠迪（摄于水庭公园）

美丽西南——黄晓华

花红树绿水韵间——罗泽成

西岸——丛庆林

生态城市——林志道

古村活化升级后的长歧村——卢展途

水庭公园——孔渝

水庭余晖——禤智钊

长岐村居荷塘——吴剑

红头巾的故事——李奕云

新地标——莫冠迪（摄于凤凰公园）

丽日天鹅湖——钟泽韬

花满左岸——杨树妹

晨曦——林志道

绿色萦绕西南涌——李洹辉

三水大桥——罗献忠

文塔公园——林志道

丽日天鹅湖落日——罗献忠

绿地浃城——黄德荣

美丽三水——罗献忠

凤凰水韵——李奕云

丽日蓝天芦苞镇——卢冠东

云东海·月亮湖晨曲——陈励俊

绿道——霍广良　　　　　涟漪——雷品宏（摄于三水凤凰公园）